K 유아 5-6세

하루 **10**분, 계산력이 강해진다!

날마다 10분 계산력

애플비
applebeebooks

권별 목차 한눈에 보기

● 〈날마다 10분 계산력〉은 취학 전 유아부터 초등학교 3학년 과정까지 연계하여 공부할 수 있는 계산력 집중 강화 훈련 프로그램이에요.

● 계산의 개념을 익히기 시작하는 취학 전 아동부터(K단계, P단계) 반복적인 계산 훈련이 집중적으로 필요한 초등학교 1~3학년까지(A단계, B단계, C단계) 모두 5단계로, 각 단계별 4권씩 총 20권으로 구성되어 있어요.

● 한 권에는 하루에 한 장씩 총 8주(2달) 분량의 학습 내용이 담겨 있으며, 학기별로 2권씩, 1년 동안 총 4권으로 하나의 단계를 완성할 수 있어요.

● 각 단계들은 앞 단계와 뒷 단계의 학습 내용과 자연스럽게 이어져, 하나의 단계를 완성한 뒤에는 바로 뒤의 단계로 이어 학습하면 돼요.

● 각 단계별로 권장 연령이 표기되어 있기는 하지만, 그보다는 자신의 수준에 맞추는 것이 중요해요. 권별 목차의 내용을 보고, 수준에 알맞은 단계를 찾아 시작해 보세요.

K
유아 5~6세

P
유아 6~7세

A
7세~초등 1학년

B
초등 2학년

C
초등 3학년

이렇게 구성되었어요!

25단계~32단계까지, 총 8단계로 구성되어요.
한 권은 8주(2달) 분량이에요.

공부한 날짜를 쓰고 시작하세요.
한 번에 많은 양을 공부하기보다는
날마다 꾸준히 공부하는 것이
계산력 향상에 도움이 돼요.

각 단계의 맨 첫 장에는
이번 단계에서 공부할 내용에 대한
개념 및 풀이 방법이 담겨 있어요.
문제를 풀기 전에
반드시 읽고 시작하세요.

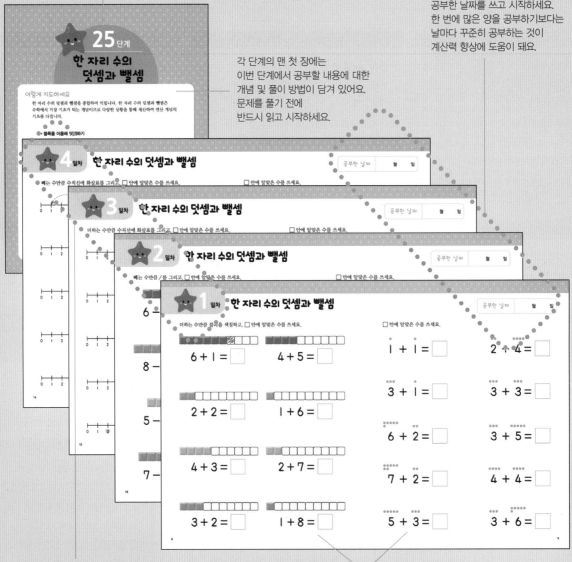

하나의 개념을 4일 동안 공부해요.
날마다 일정한 시간을 정해 두고,
하루에 한 장씩 공부하다 보면
계산 실력이 몰라보게 향상될 거예요.

계산 원리를 보여 주는 페이지와 계산 훈련 페이지를
함께 구성하여, 문제의 개념과 원리를 자연스럽게 이해하며
문제를 풀 수 있도록 했어요. 이는 반복 계산의 지루함을
줄여줄 뿐 아니라, 사고력과 응용력을 길러 주어
문장제 문제 풀이의 기초를 다질 수 있어요.

각 단계의 마지막 장에
문제의 정답이 담겨 있어요.
얼마나 잘 풀었는지
확인해 보세요.

권말에는 각 단계의 내용을 담은 실력 테스트가 있어요.
그동안 얼마나 열심히 공부했는지 나의 실력을 확인하고, 공부했던 내용을 복습해 보세요.

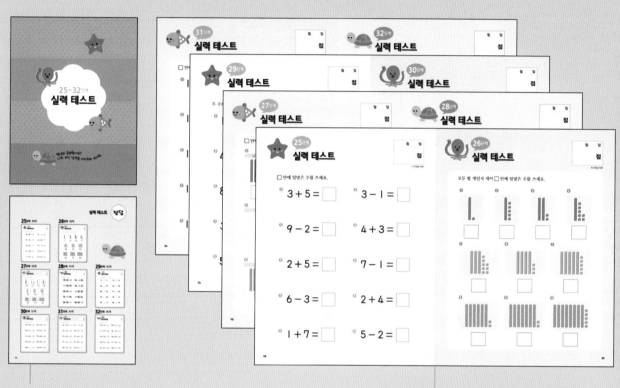

정답을 보고, 몇 점인지 확인해 보세요.

각 단계별 복습할 문항이 담겨 있어요.

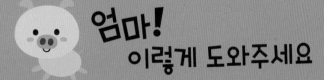

엄마!
이렇게 도와주세요

👍 '공부'가 아닌 '놀이'가 되게 해 주세요.

구슬, 블록 등 구체물을 이용하여 문제를 풀어 보도록 해 주세요.
공부도 놀이처럼 즐겁다는 생각을 가진 아이는 학습에 대한 호기심이 증가하여 집중력이 높아집니다.

✌ 규칙적인 시간과 학습량을 정해 계획적으로 학습할 수 있게 해 주세요.

날마다 일정한 시간을 정해 두고, 일정한 양을 학습하면 아이가 미리 스스로 해야 할 학습을
예측하고 계획하여 능동적으로 학습할 수 있게 됩니다.

🖖 문제 푸는 과정을 지켜 보세요.

문제를 풀게 하는 것보다 문제 푸는 과정을 지켜 보는 것이 더 중요합니다. 문제를 푸는 과정 속에서
아이가 어떤 부분이 부족한지, 어떤 방법으로 문제를 푸는지 등 다양한 정보를 얻을 수 있습니다.

K4 100까지의 수 / 덧셈과 뺄셈
목차

25단계

한 자리 수의 덧셈과 뺄셈

이렇게 지도하세요

한 자리 수의 덧셈과 뺄셈을 종합하여 익힙니다. 한 자리 수의 덧셈과 뺄셈은
수학에서 가장 기초가 되는 개념이므로 다양한 상황을 통해 계산하여 연산 개념의
기초를 다집니다.

- 블록을 이용해 덧셈하기

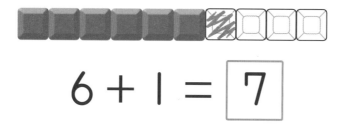

$$6 + 1 = \boxed{7}$$

- 블록을 이용해 뺄셈하기

$$8 - 2 = \boxed{6}$$

한 자리 수의 덧셈과 뺄셈

더하는 수만큼 블록을 색칠하고, □ 안에 알맞은 수를 쓰세요.

$6 + 1 = \boxed{7}$

$4 + 5 = \square$

$2 + 2 = \square$

$1 + 6 = \square$

$4 + 3 = \square$

$2 + 7 = \square$

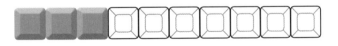

$3 + 2 = \square$

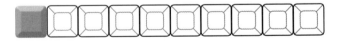

$1 + 8 = \square$

□ 안에 알맞은 수를 쓰세요.

1 + 1 = □   2 + 4 = □

3 + 1 = □   3 + 3 = □

6 + 2 = □   3 + 5 = □

7 + 2 = □   4 + 4 = □

5 + 3 = □   3 + 6 = □

한 자리 수의 덧셈과 뺄셈

빼는 수만큼 /를 그리고, ☐ 안에 알맞은 수를 쓰세요.

$6 - 1 = \boxed{5}$

$9 - 5 = \boxed{}$

$8 - 2 = \boxed{}$

$7 - 6 = \boxed{}$

$5 - 3 = \boxed{}$

$8 - 4 = \boxed{}$

$7 - 4 = \boxed{}$

$9 - 8 = \boxed{}$

□ 안에 알맞은 수를 쓰세요.

7 − 1 = ☐

9 − 4 = ☐

9 − 1 = ☐

6 − 4 = ☐

5 − 2 = ☐

7 − 5 = ☐

6 − 3 = ☐

6 − 5 = ☐

4 − 3 = ☐

8 − 6 = ☐

한 자리 수의 덧셈과 뺄셈

더하는 수만큼 수직선에 화살표를 그리고, ☐ 안에 알맞은 수를 쓰세요.

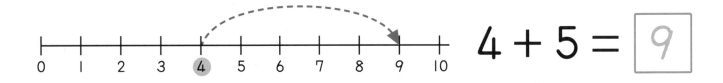

$4 + 5 = \boxed{9}$

$5 + 3 = \boxed{}$

$6 + 2 = \boxed{}$

$7 + 2 = \boxed{}$

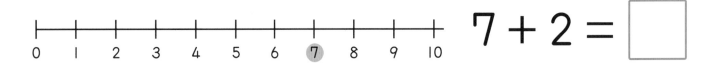

$2 + 3 = \boxed{}$

□ 안에 알맞은 수를 쓰세요.

2 + 5 = □   6 + 1 = □

2 + 7 = □   6 + 3 = □

3 + 4 = □   7 + 1 = □

3 + 5 = □   4 + 3 = □

4 + 1 = □   5 + 4 = □

한 자리 수의 덧셈과 뺄셈

빼는 수만큼 수직선에 화살표를 그리고, ☐ 안에 알맞은 수를 쓰세요.

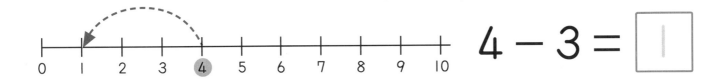

$$4 - 3 = \boxed{1}$$

$$5 - 1 = \boxed{}$$

$$6 - 4 = \boxed{}$$

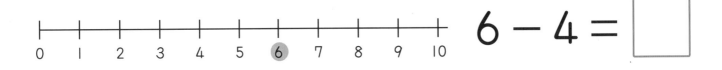

$$7 - 3 = \boxed{}$$

$$8 - 6 = \boxed{}$$

공부한 날짜 | 월 | 일

□ 안에 알맞은 수를 쓰세요.

3 - 1 = ☐

3 - 2 = ☐

4 - 1 = ☐

5 - 3 = ☐

5 - 4 = ☐

7 - 5 = ☐

7 - 6 = ☐

8 - 3 = ☐

8 - 5 = ☐

9 - 4 = ☐

8~9쪽

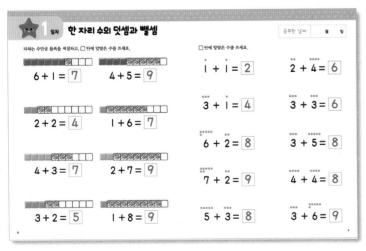

10~11쪽

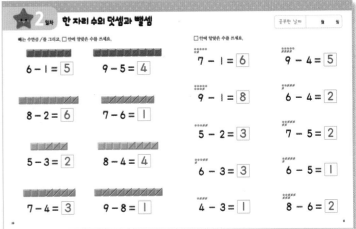

12~13쪽

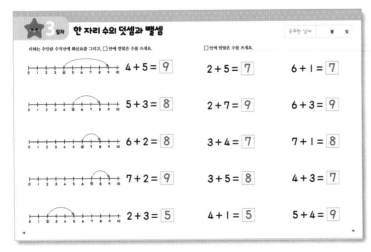

14~15쪽

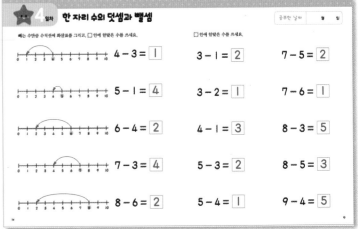

26단계

100까지의 수 ①

이렇게 지도하세요

10개씩 묶어 세어 보며 몇십과 몇십 몇을 익힙니다. 10개씩 묶어 세는 활동을 통해 낱개 10개가 모여 10이 되고, 십 모형 10개가 모여 100이 됨을 알 수 있습니다. 묶어 세기에 익숙해지면 10개씩 묶어 세기가 수를 표현하는 데 편리한 방법임을 알게 될 것입니다.

• **10개씩 묶어 세기**

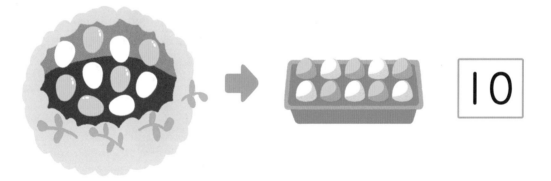

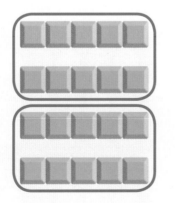

100까지의 수①

달걀을 10개씩 달걀판에 담아요. 모두 몇 개인지 세어 □ 안에 알맞은 수를 쓰세요.

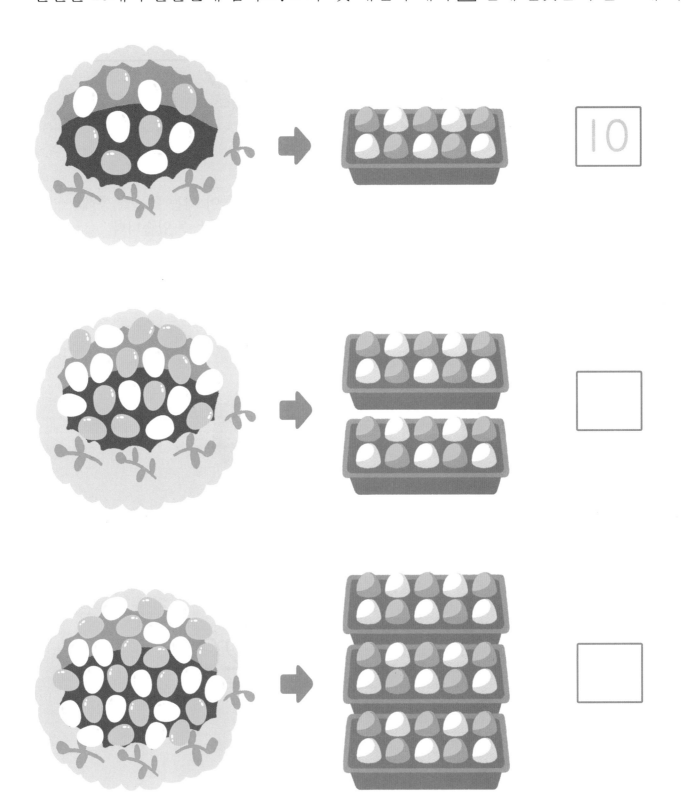

10개씩 묶고, 모두 몇 개인지 세어 ☐ 안에 알맞은 수를 쓰세요.

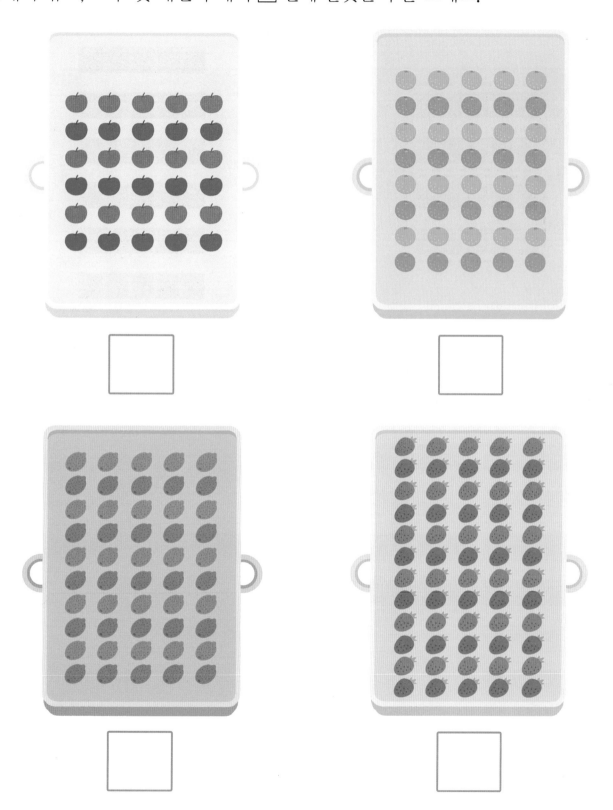

100까지의 수 ①

2 일차

10개씩 묶고, 모두 몇 개인지 세어 ☐ 안에 알맞은 수를 쓰세요.

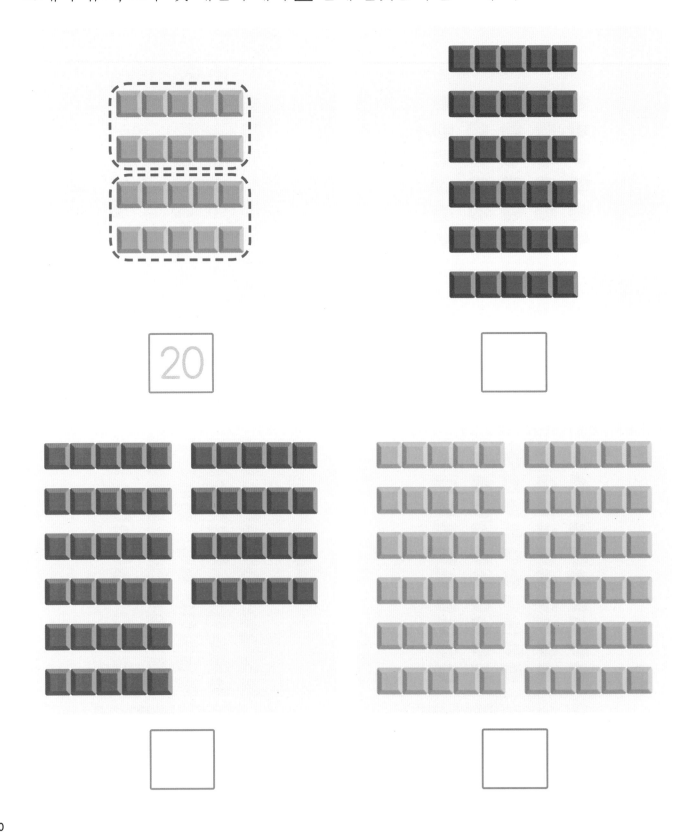

20

주어진 수만큼 블록을 색칠하세요..

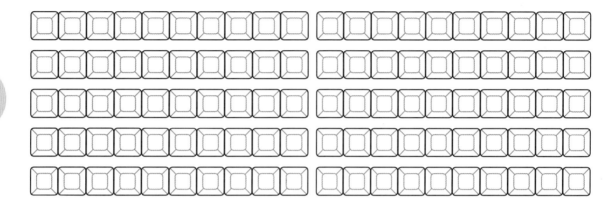

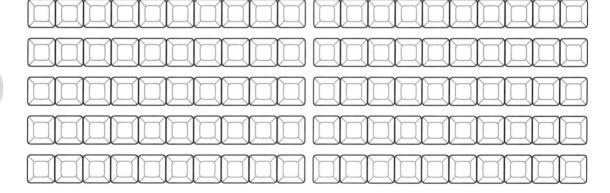

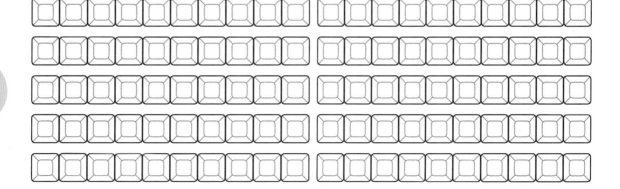

100까지의 수 ①

10개씩 묶고, 모두 몇 개인지 세어 ☐ 안에 알맞은 수를 쓰세요.

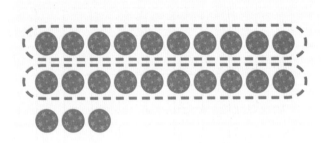

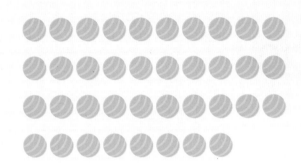

10개씩 묶음	낱개	
2	3	➡ 23

10개씩 묶음	낱개	
		➡

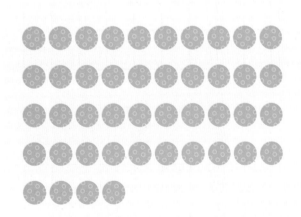

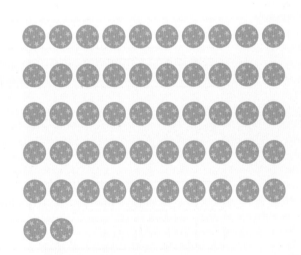

10개씩 묶음	낱개	
		➡

10개씩 묶음	낱개	
		➡

10개씩 묶고, 모두 몇 개인지 세어 ☐ 안에 알맞은 수를 쓰세요.

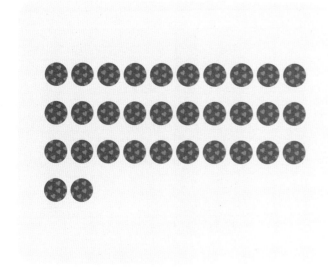

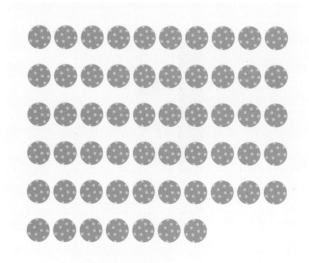

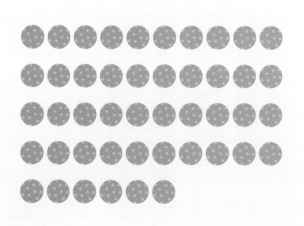

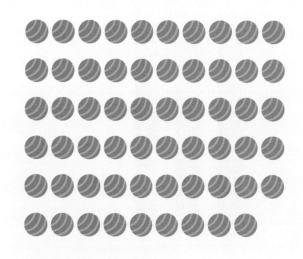

100까지의 수 ①

모두 몇 개인지 세어 □ 안에 알맞은 수를 쓰세요.

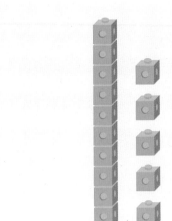

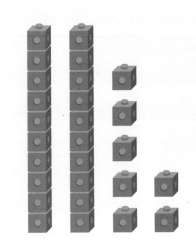

10개씩 묶음	낱개
1	5

➡ 15

10개씩 묶음	낱개

➡ □

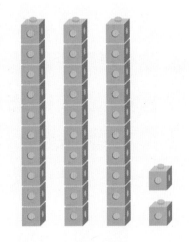

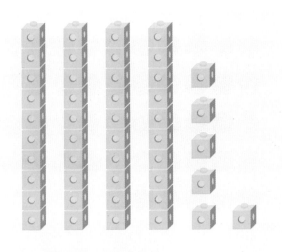

10개씩 묶음	낱개

➡ □

10개씩 묶음	낱개

➡ □

주어진 수만큼 연결큐브를 색칠하세요..

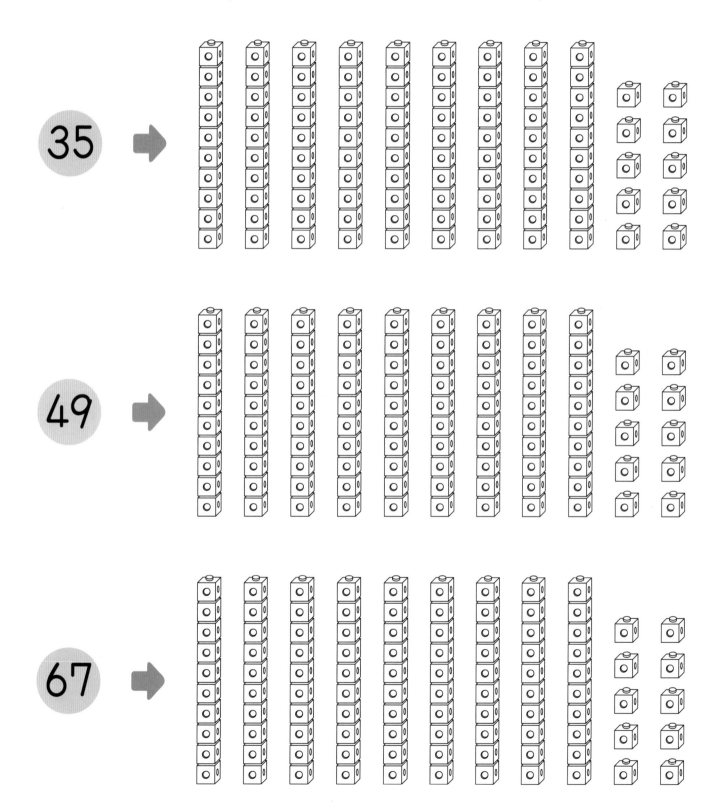

18~19쪽

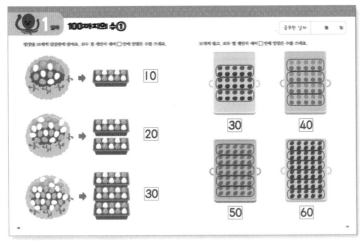

20~21쪽

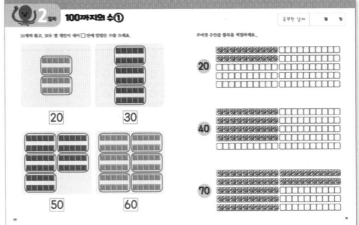

22~23쪽

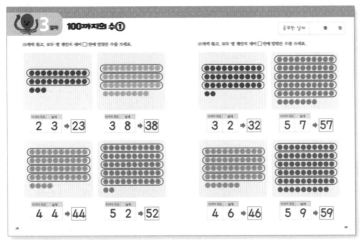

24~25쪽

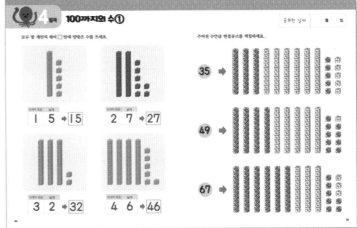

100까지의 수②

이렇게 지도하세요

100까지 수의 구조를 익힙니다. 연결큐브를 보며 반복적으로 연습하여 몇십 몇은 10개씩 묶음과 낱개로 이루어져 있음을 이해하고 자연스럽게 '십의 자리'와 '일의 자리'를 직관적으로 인지하도록 합니다.

• **연결큐브로 자릿값 이해하기**

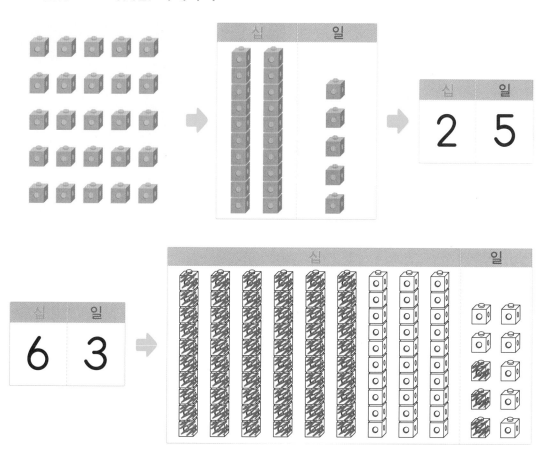

100까지의 수 ②

모두 몇 개인지 세어 ☐ 안에 알맞은 수를 쓰세요.

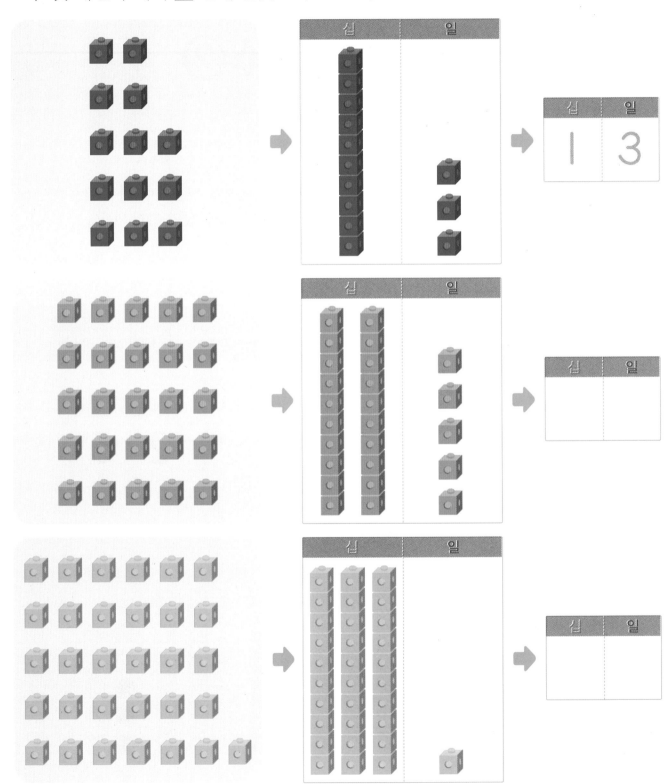

모두 몇 개인지 세어 ☐ 안에 알맞은 수를 쓰세요.

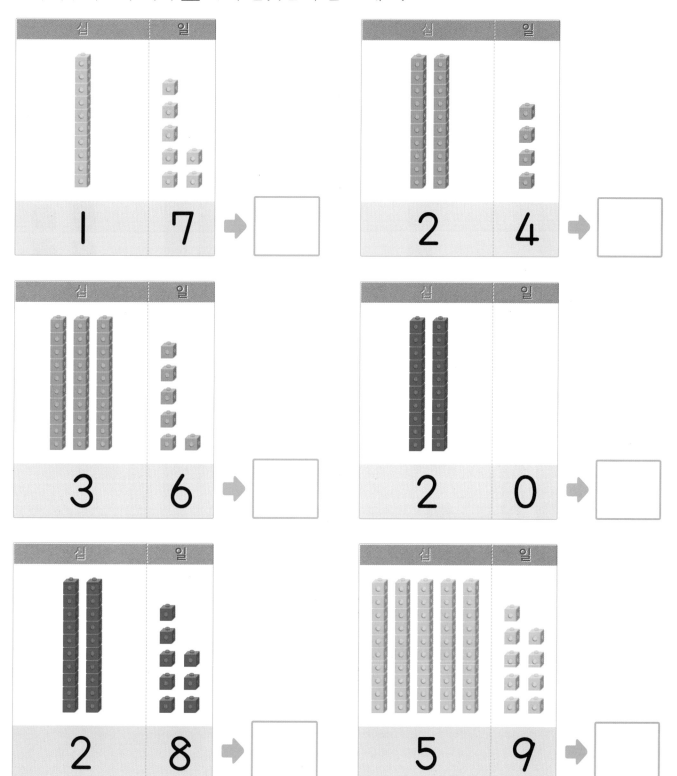

100까지의 수②

모두 몇 개인지 세어 ☐ 안에 알맞은 수를 쓰세요.

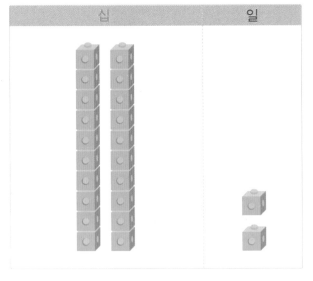

십	일
2	2

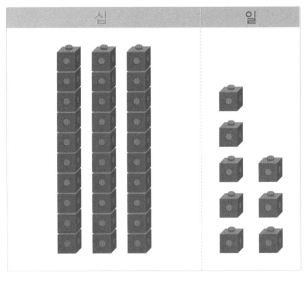

십	일

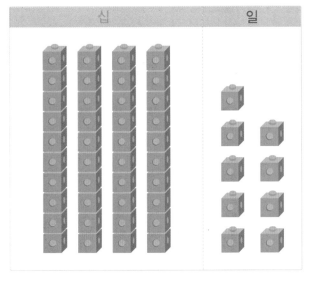

십	일

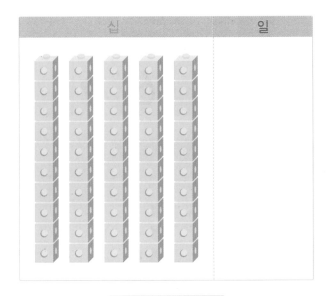

십	일

주어진 수만큼 연결큐브를 색칠하세요.

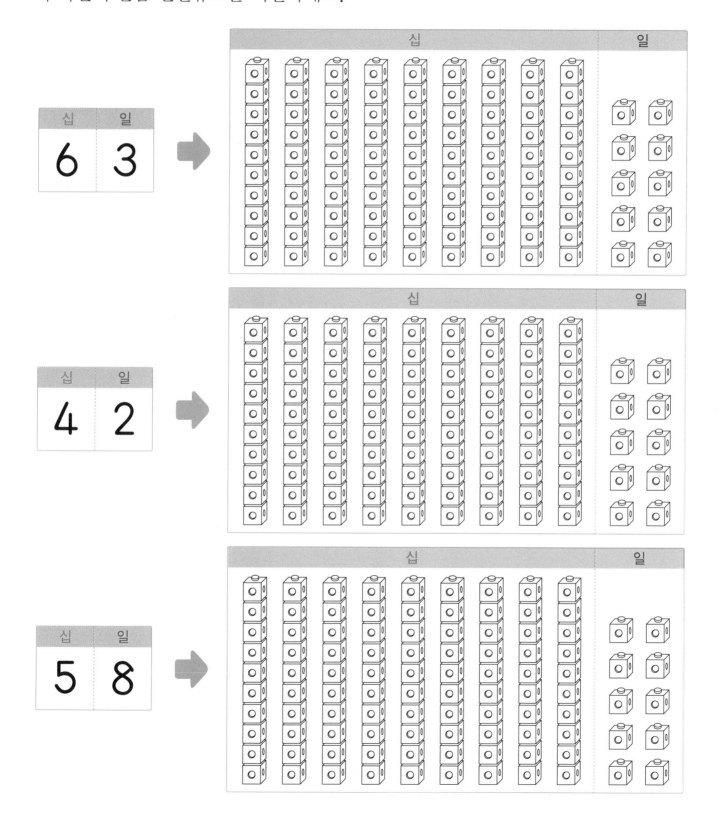

100까지의 수②

모두 몇 개인지 세어 ☐ 안에 알맞은 수를 쓰세요.

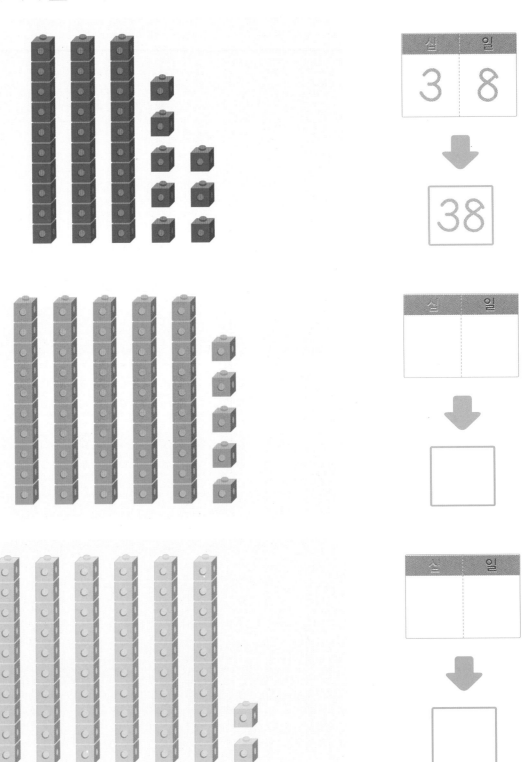

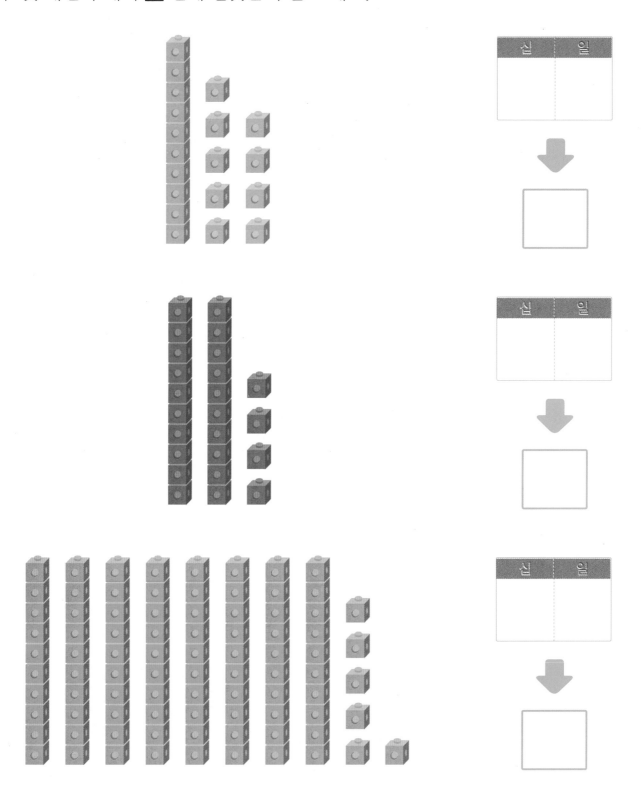

모두 몇 개인지 세어 ☐ 안에 알맞은 수를 쓰세요.

십	일

십	일

십	일

33

100까지의 수 ②

모두 몇 개인지 세어 □ 안에 알맞은 수를 쓰세요.

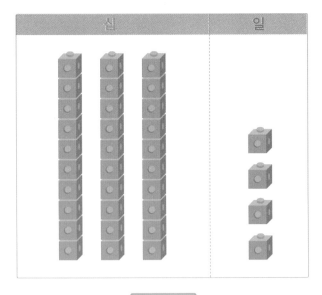

34

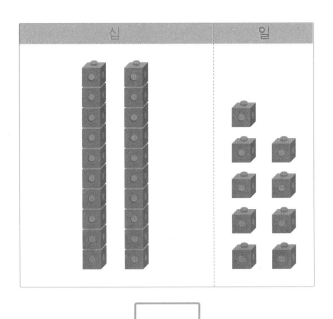

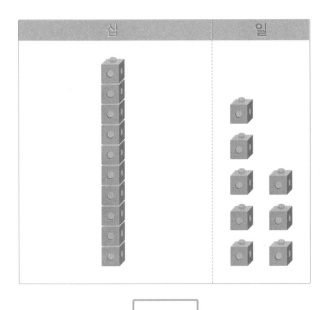

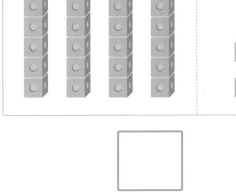

모두 몇 개인지 세어 ☐ 안에 알맞은 수를 쓰세요.

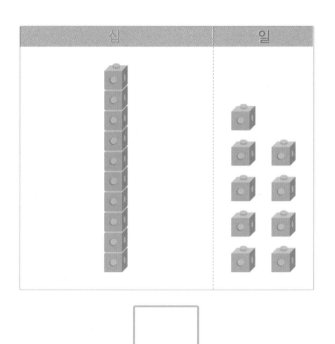

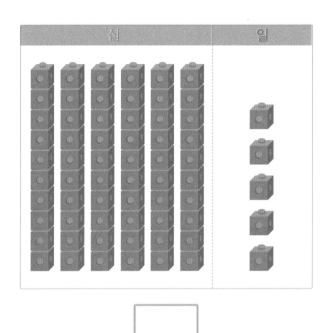

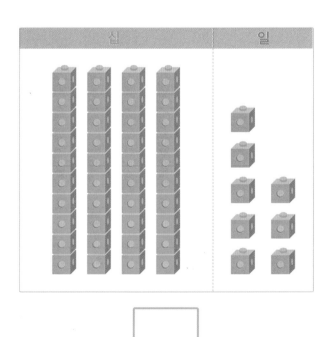

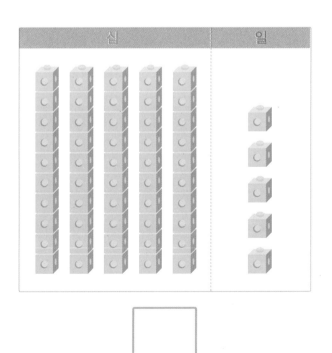

28~29쪽

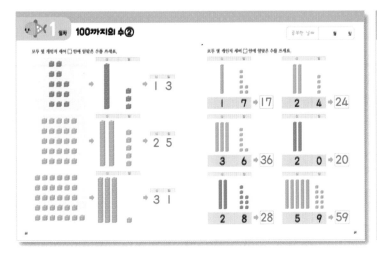

30~31쪽

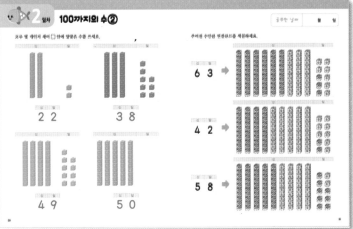

32~33쪽

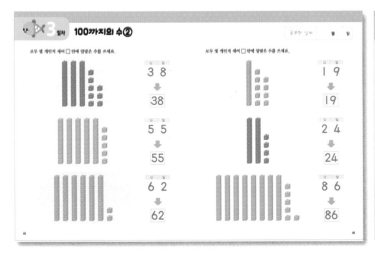

34~35쪽

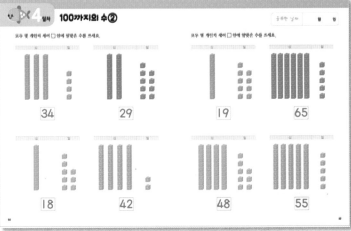

100까지의 수 ③

이렇게 지도하세요

100까지 수의 순서를 익힙니다. 수를 순서대로 세어 보고, 1 작은 수, 1 큰 수, 사이에 있는 수를 찾아봅니다. 12보다 1 작은 수가 11, 12보다 1 큰 수가 13, 11과 13의 사이에 있는 수가 12임을 이해하고, 100까지 수의 순서를 찾아보면서 수의 계열성을 이해합니다.

• 수의 순서 이해하기

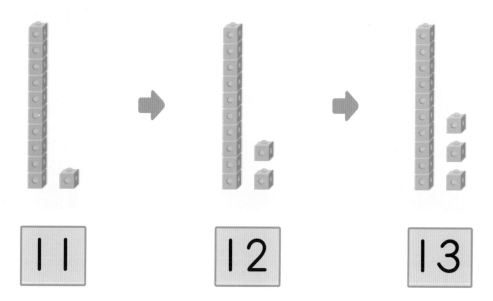

100까지의 수③

수의 순서에 맞게 ☐ 안에 알맞은 수를 쓰세요.

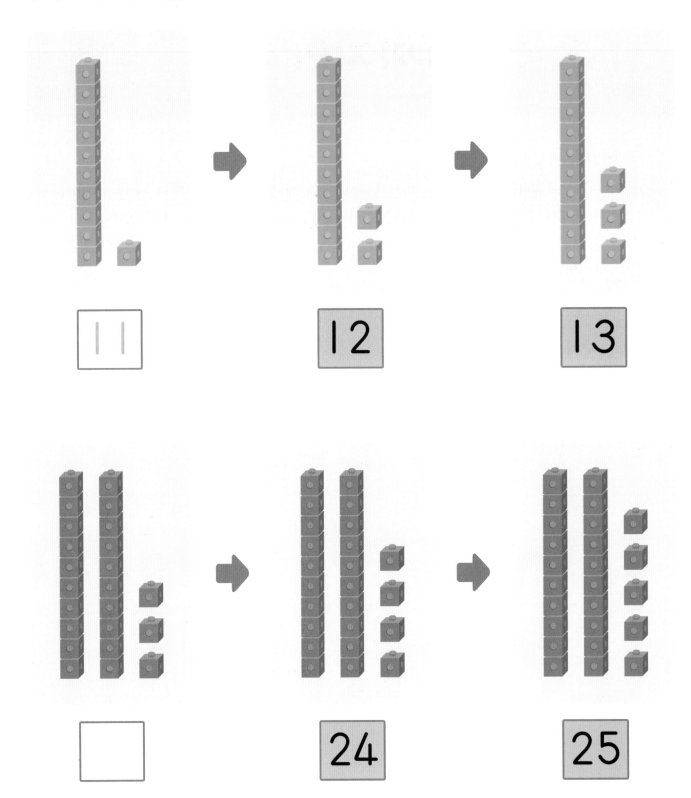

수의 순서에 맞게 □ 안에 알맞은 수를 쓰세요.

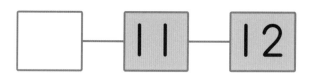

100까지의 수 ③

수의 순서에 맞게 □ 안에 알맞은 수를 쓰세요.

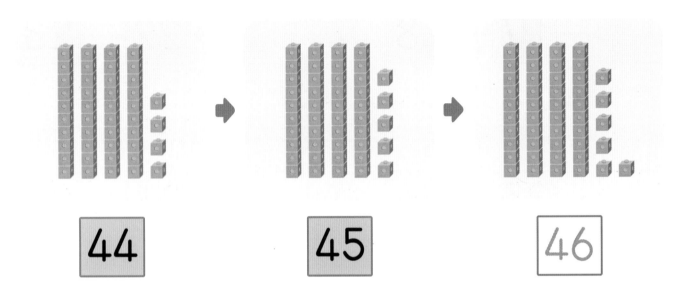

44 ➡ 45 ➡ 46

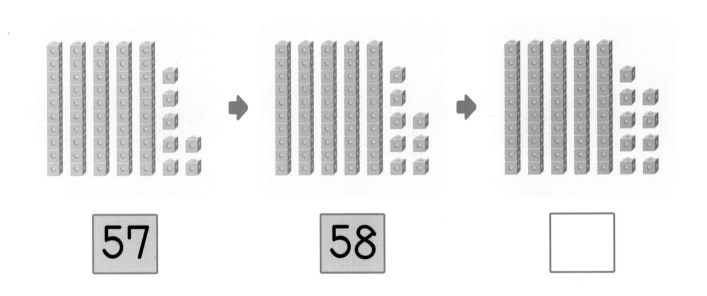

57 ➡ 58 ➡

수의 순서에 맞게 ☐ 안에 알맞은 수를 쓰세요.

| 45 | 46 | ☐ | | 51 | 52 | ☐ |

| 63 | 64 | ☐ | | 54 | 55 | ☐ |

| 48 | 49 | ☐ | | 59 | 60 | ☐ |

| 42 | 43 | ☐ | | 66 | 67 | ☐ |

| 52 | 53 | ☐ | | 40 | 41 | ☐ |

100까지의 수 ③

수의 순서에 맞게 ☐ 안에 알맞은 수를 쓰세요.

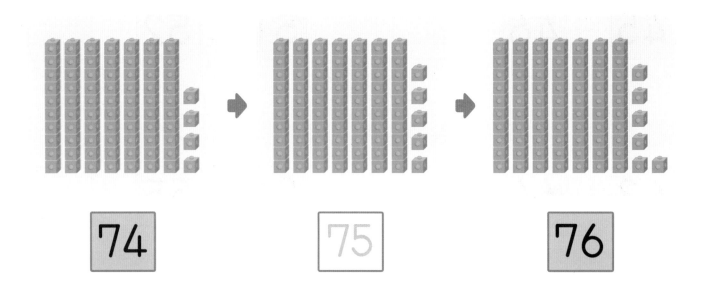

74 ➡ 75 ➡ 76

79 ➡ ☐ ➡ 81

수의 순서에 맞게 ☐ 안에 알맞은 수를 쓰세요.

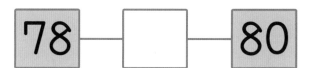

100까지의 수 ③

수의 순서에 맞게 □ 안에 알맞은 수를 쓰세요.

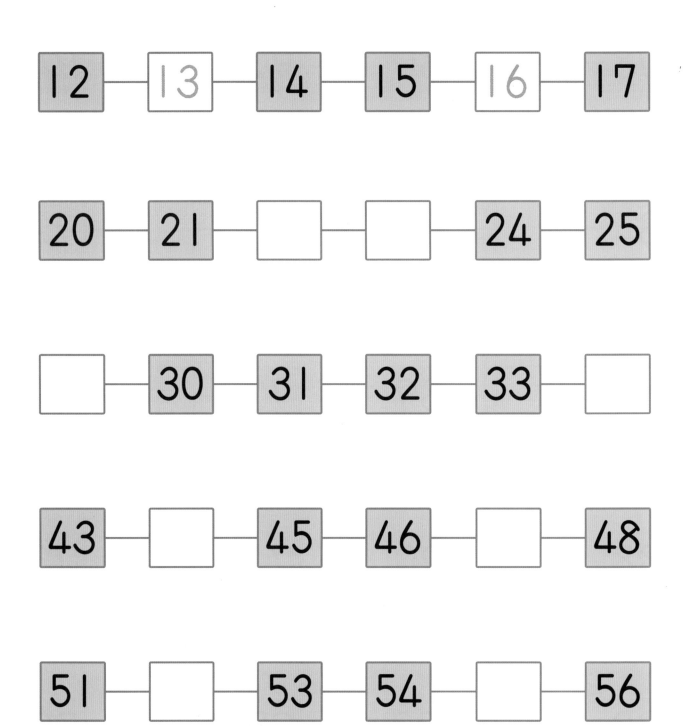

| 12 | 13 | 14 | 15 | 16 | 17 |

| 20 | 21 | | | 24 | 25 |

| | 30 | 31 | 32 | 33 | |

| 43 | | 45 | 46 | | 48 |

| 51 | | 53 | 54 | | 56 |

수의 순서에 맞게 □ 안에 알맞은 수를 쓰세요.

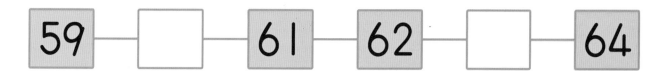

59 □ 61 62 □ 64

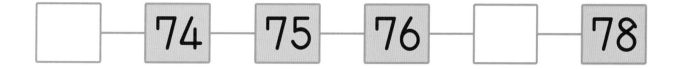

□ 74 75 76 □ 78

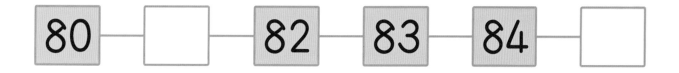

80 □ 82 83 84 □

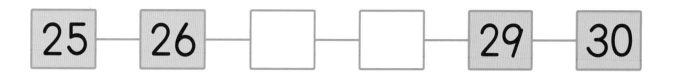

25 26 □ □ 29 30

89 □ 91 92 □ 94

38~39쪽

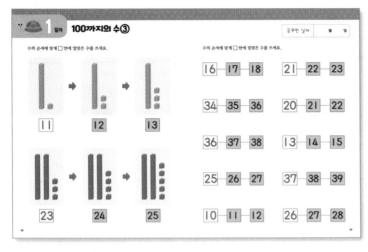

16 — 17 — 18	21 — 22 — 23	
34 — 35 — 36	20 — 21 — 22	
36 — 37 — 38	13 — 14 — 15	
25 — 26 — 27	37 — 38 — 39	
10 — 11 — 12	26 — 27 — 28	

40~41쪽

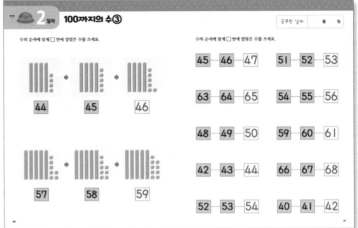

45 — 46 — 47	51 — 52 — 53	
63 — 64 — 65	54 — 55 — 56	
48 — 49 — 50	59 — 60 — 61	
42 — 43 — 44	66 — 67 — 68	
52 — 53 — 54	40 — 41 — 42	

42~43쪽

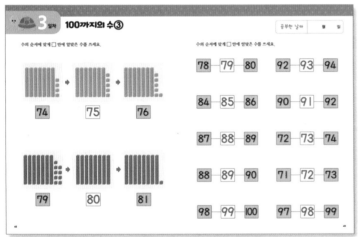

78 — 79 — 80	92 — 93 — 94	
84 — 85 — 86	90 — 91 — 92	
87 — 88 — 89	72 — 73 — 74	
88 — 89 — 90	71 — 72 — 73	
98 — 99 — 100	97 — 98 — 99	

44~45쪽

12 — 13 — 14 — 15 — 16 — 17	59 — 60 — 61 — 62 — 63 — 64
20 — 21 — 22 — 23 — 24 — 25	73 — 74 — 75 — 76 — 77 — 78
29 — 30 — 31 — 32 — 33 — 34	80 — 81 — 82 — 83 — 84 — 85
43 — 44 — 45 — 46 — 47 — 48	25 — 26 — 27 — 28 — 29 — 30
51 — 52 — 53 — 54 — 55 — 56	89 — 90 — 91 — 92 — 93 — 94

100까지의 수 ④

이렇게 지도하세요

100까지 수의 크기를 비교합니다. 두 수의 크기를 비교하여 부등호로 나타내는 활동을 통해 '십의 자리'와 '일의 자리'를 비교하며 수의 구조를 익힙니다. 10개씩 묶음의 수가 같을 때와 10개씩 묶음의 수가 다를 때 각각 어떻게 수를 비교할 수 있는지 알아봅니다.

• 수의 크기 비교하기

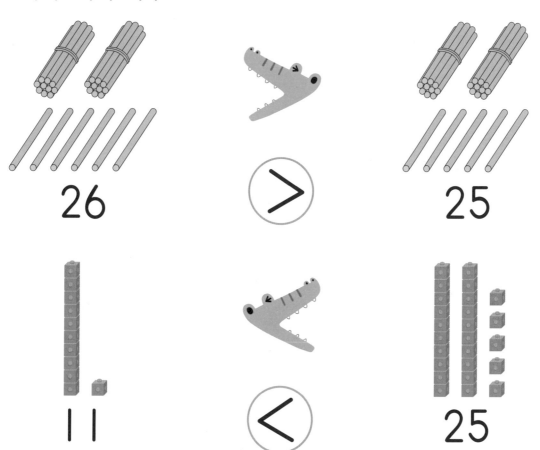

100까지의 수④

두 수의 크기를 비교하여 더 큰 수에 ○ 하세요.

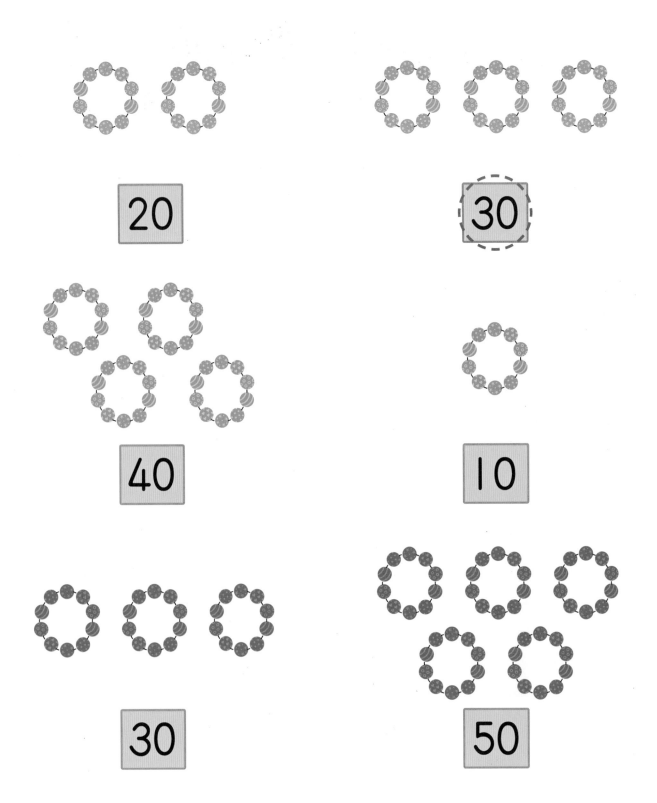

두 수의 크기를 비교하여 더 큰 수에 ○ 하세요.

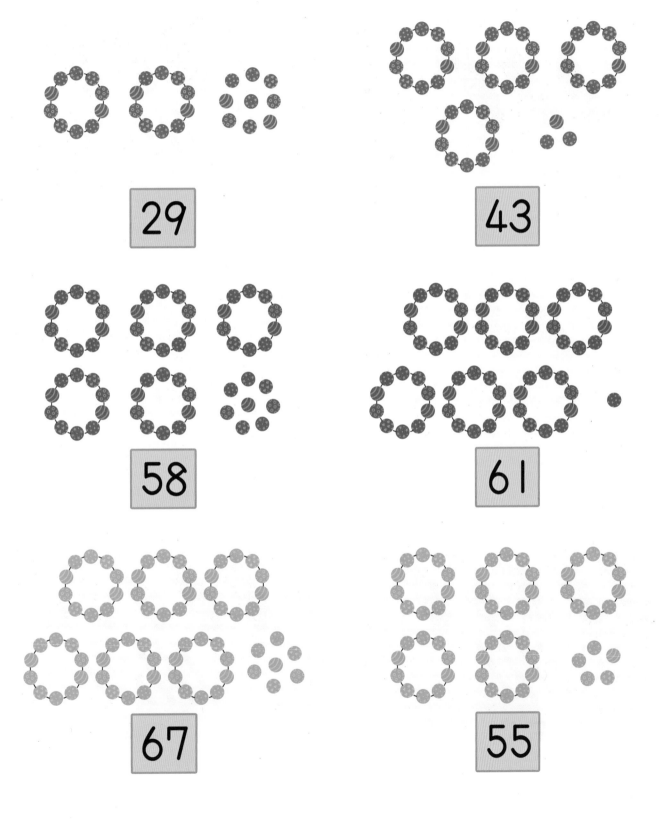

29

43

58

61

67

55

100까지의 수 ④

악어가 더 큰 수 쪽으로 입을 벌려요. 두 수의 크기를 비교하여 >, <를 쓰세요.

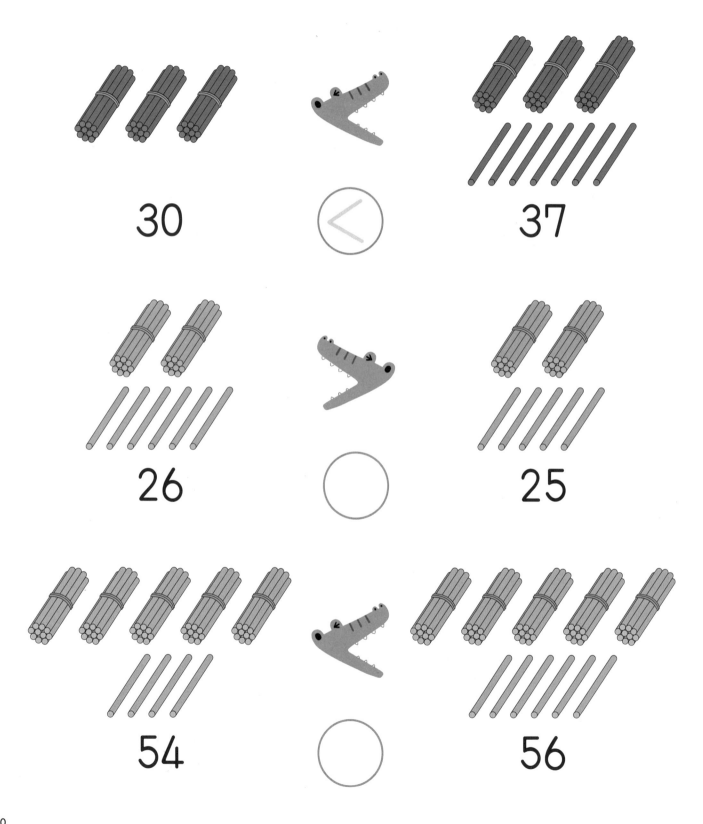

두 수의 크기를 비교하여 >, <를 쓰세요.

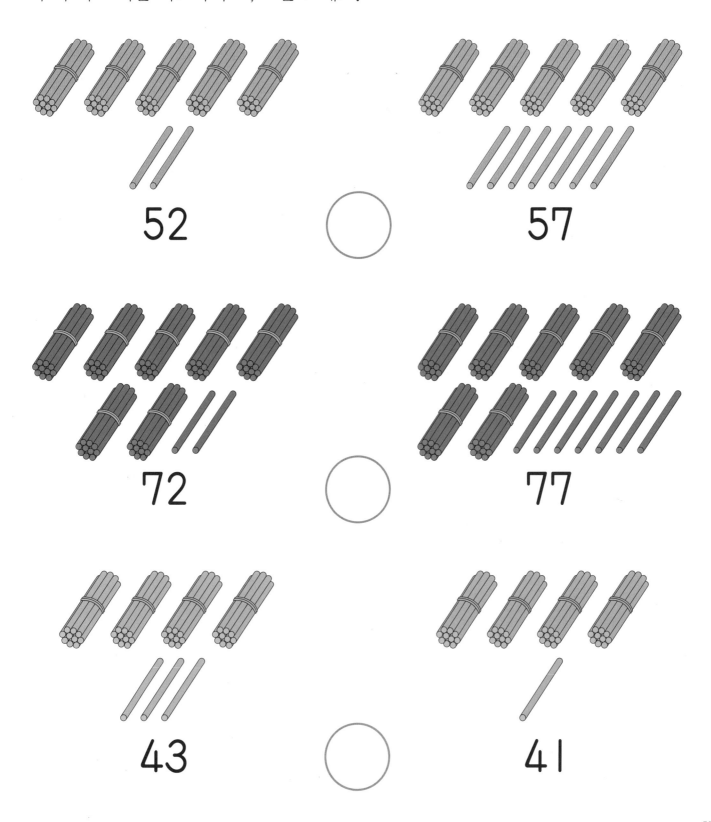

52 ◯ 57

72 ◯ 77

43 ◯ 41

100까지의 수④

악어가 더 큰 수 쪽으로 입을 벌려요. 두 수의 크기를 비교하여 >, <를 쓰세요.

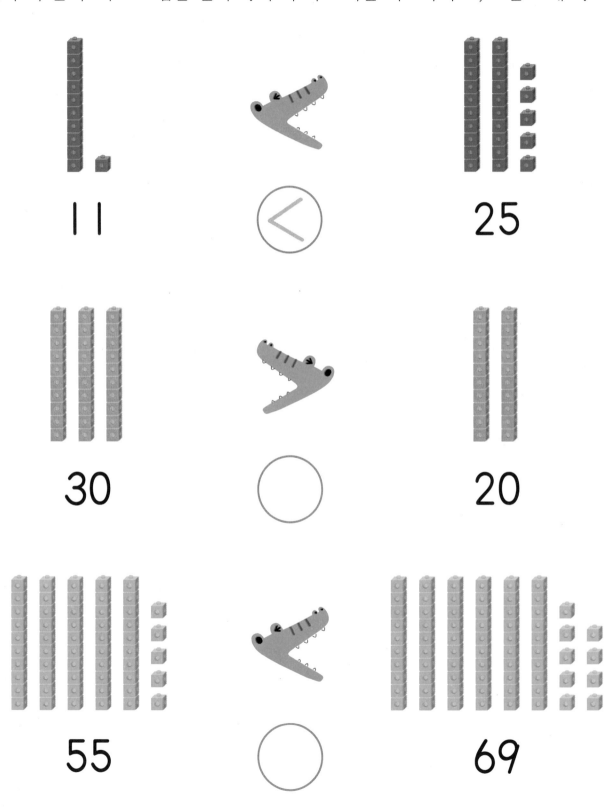

11 < 25

30 ◯ 20

55 ◯ 69

두 수의 크기를 비교하여 >, <를 쓰세요.

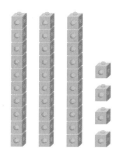

34　　　　44

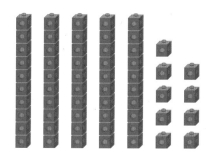

59　　　　79

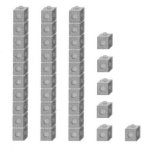

36　　　　28

100까지의 수 ④

두 수의 크기를 비교하여 >, <를 쓰세요.

10 < 20   29 ◯ 25

27 ◯ 22   53 ◯ 43

60 ◯ 40   65 ◯ 72

79 ◯ 83   48 ◯ 37

59 ◯ 61   99 ◯ 86

두 수의 크기를 비교하여 >, <를 쓰세요.

15 ◯ 13   25 ◯ 46

34 ◯ 27   55 ◯ 65

40 ◯ 56   58 ◯ 35

66 ◯ 75   76 ◯ 79

93 ◯ 83   45 ◯ 25

48~49쪽

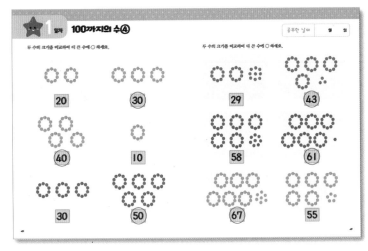

50~51쪽

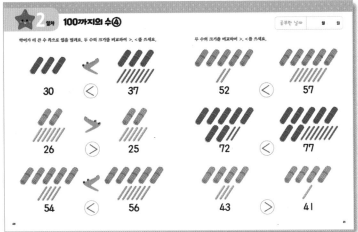

52~53쪽

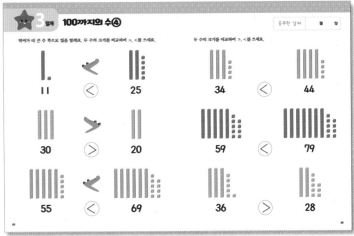

54~55쪽

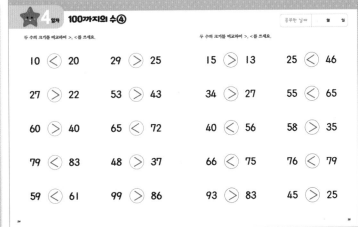

10 ⊘ 20	29 ⊘ 25	15 ⊘ 13	25 ⊘ 46
27 ⊘ 22	53 ⊘ 43	34 ⊘ 27	55 ⊘ 65
60 ⊘ 40	65 ⊘ 72	40 ⊘ 56	58 ⊘ 35
79 ⊘ 83	48 ⊘ 37	66 ⊘ 75	76 ⊘ 79
59 ⊘ 61	99 ⊘ 86	93 ⊘ 83	45 ⊘ 25

30단계

더하여 11~19

이렇게 지도하세요

더하여 11~19를 익힙니다. 11~19의 덧셈을 연습하면서 '십의 자리'와 '일의 자리'에 대한 개념과 연산 감각을 기릅니다. 블록, 구슬 등의 셀 수 있는 수식을 이용하여 두 자리 수 덧셈의 기초를 다집니다.

• 11~19 이내의 덧셈하기

$$10 + 1 = \boxed{11}$$

$$10 + 5 = \boxed{15}$$

더하여 11~19

☐ 안에 알맞은 수를 쓰세요.

$10 + 1 = \boxed{11}$

$11 + 1 = \boxed{}$

$12 + 1 = \boxed{}$

□ 안에 알맞은 수를 쓰세요.

$13 + 1 = \boxed{}$

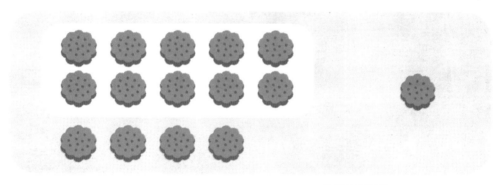

$14 + 1 = \boxed{}$

$15 + 1 = \boxed{}$

2 일차 더하여 11~19

□ 안에 알맞은 수를 쓰세요.

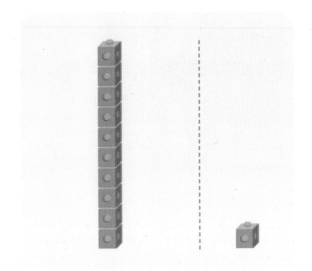

$$10 + 1 = \boxed{11}$$

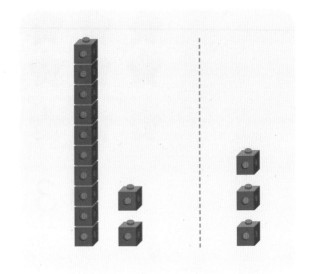

$$12 + 3 = \boxed{}$$

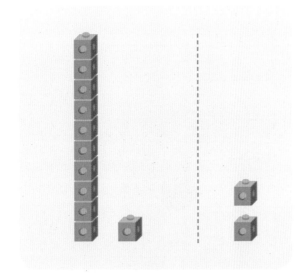

$$11 + 2 = \boxed{}$$

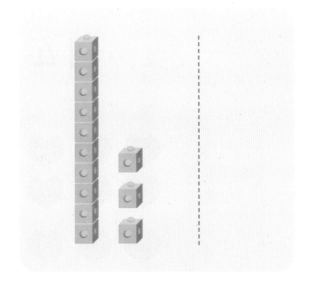

$$13 + 0 = \boxed{}$$

□ 안에 알맞은 수를 쓰세요.

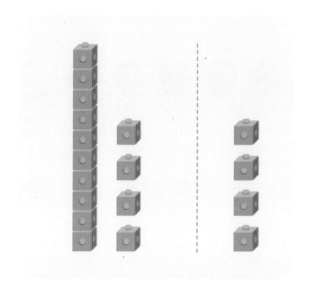

14 + 4 = ☐

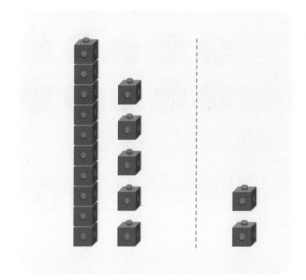

15 + 2 = ☐

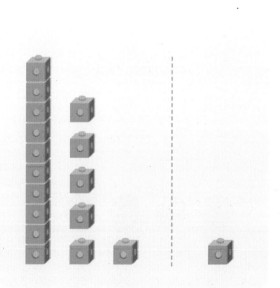

16 + 1 = ☐

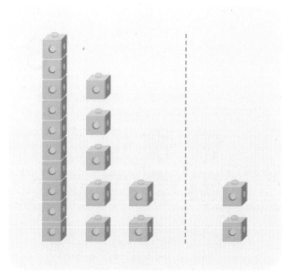

17 + 2 = ☐

더하여 11~19

□ 안에 알맞은 수를 쓰세요.

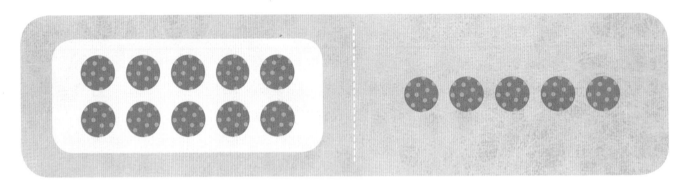

$$10 + 5 = \boxed{15}$$

$$13 + 3 = \boxed{}$$

$$14 + 4 = \boxed{}$$

□ 안에 알맞은 수를 쓰세요.

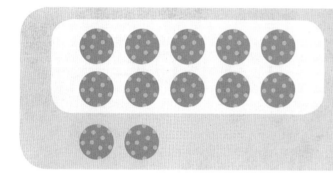

$$12 + 6 = \boxed{}$$

$$10 + 7 = \boxed{}$$

$$15 + 4 = \boxed{}$$

더하여 11~19

□ 안에 알맞은 수를 쓰세요.

$10 + 1 = \boxed{11}$ $12 + 0 = \boxed{}$

$10 + 3 = \boxed{}$ $13 + 5 = \boxed{}$

$11 + 2 = \boxed{}$ $13 + 4 = \boxed{}$

$11 + 6 = \boxed{}$ $14 + 3 = \boxed{}$

$12 + 3 = \boxed{}$ $14 + 2 = \boxed{}$

□ 안에 알맞은 수를 쓰세요.

$15 + 1 = \boxed{}$　　　　$17 + 0 = \boxed{}$

$15 + 3 = \boxed{}$　　　　$17 + 2 = \boxed{}$

$15 + 4 = \boxed{}$　　　　$18 + 1 = \boxed{}$

$16 + 2 = \boxed{}$　　　　$18 + 0 = \boxed{}$

$16 + 1 = \boxed{}$　　　　$19 + 0 = \boxed{}$

58~59쪽

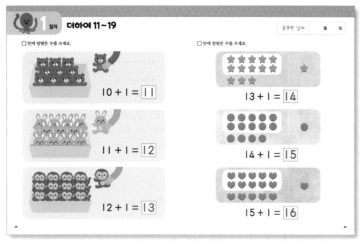

60~61쪽

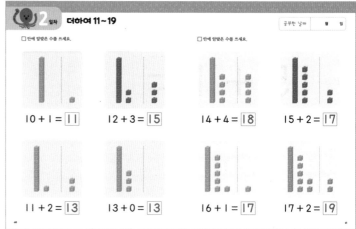

62~63쪽

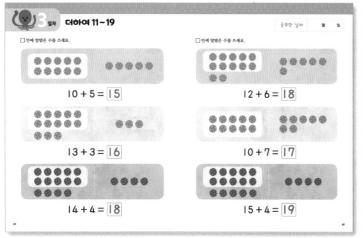

64~65쪽

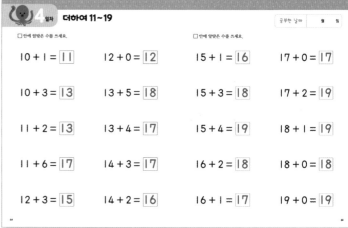

$10+1=11$ $12+0=12$ $15+1=16$ $17+0=17$

$10+3=13$ $13+5=18$ $15+3=18$ $17+2=19$

$11+2=13$ $13+4=17$ $15+4=19$ $18+1=19$

$11+6=17$ $14+3=17$ $16+2=18$ $18+0=18$

$12+3=15$ $14+2=16$ $16+1=17$ $19+0=19$

11~19에서 빼기

이렇게 지도하세요

11~19에서 빼기를 익힙니다. 11~19에서 빼기를 연습하면서 '십의 자리'와 '일의 자리'에 대한 개념과 연산 감각을 기릅니다. 블록, 구슬 등의 셀 수 있는 수식을 이용하여 두 자리 수 뺄셈의 기초를 다집니다.

• 11~19 이내의 뺄셈하기

$$11 - 1 = \boxed{10}$$

$$13 - 1 = \boxed{12}$$

11~19에서 빼기

□ 안에 알맞은 수를 쓰세요.

$$11 - 1 = \boxed{10}$$

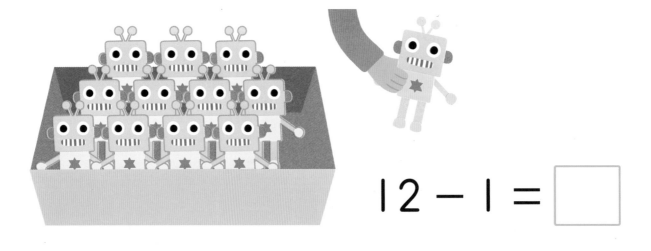

$$12 - 1 = \boxed{}$$

$$13 - 1 = \boxed{}$$

□ 안에 알맞은 수를 쓰세요.

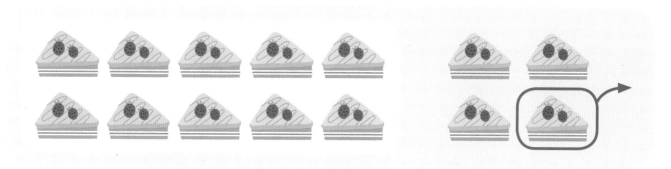

$$14 - 1 = \boxed{}$$

$$15 - 2 = \boxed{}$$

$$16 - 3 = \boxed{}$$

11~19에서 빼기

□ 안에 알맞은 수를 쓰세요.

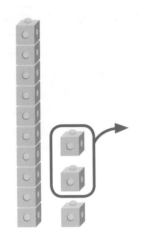

13 − 2 = ☐ 11

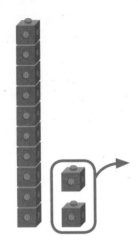

12 − 2 = ☐

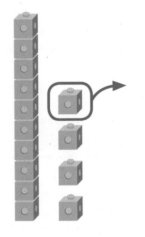

14 − 1 = ☐

11 − 0 = ☐

□ 안에 알맞은 수를 쓰세요.

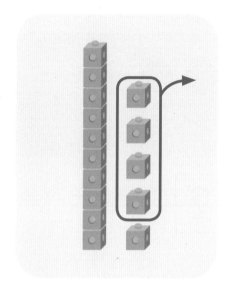

15 − 4 = ☐

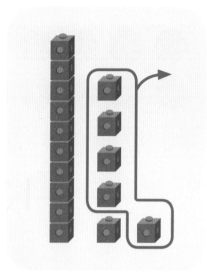

16 − 5 = ☐

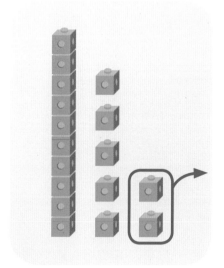

17 − 2 = ☐

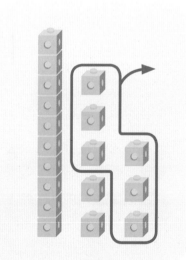

18 − 6 = ☐

11~19에서 빼기

□ 안에 알맞은 수를 쓰세요.

$$13 - 1 = \boxed{12}$$

$$15 - 2 = \boxed{}$$

$$12 - 0 = \boxed{}$$

□ 안에 알맞은 수를 쓰세요.

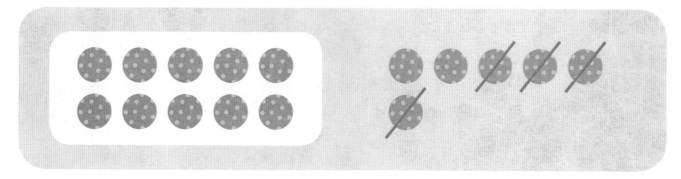

$$16 - 4 = \boxed{}$$

$$19 - 5 = \boxed{}$$

$$18 - 2 = \boxed{}$$

11~19에서 빼기

□ 안에 알맞은 수를 쓰세요.

$11 - 1 = \boxed{10}$ $13 - 3 = \boxed{}$

$11 - 0 = \boxed{}$ $14 - 1 = \boxed{}$

$12 - 2 = \boxed{}$ $14 - 3 = \boxed{}$

$12 - 1 = \boxed{}$ $15 - 4 = \boxed{}$

$13 - 1 = \boxed{}$ $15 - 5 = \boxed{}$

□ 안에 알맞은 수를 쓰세요.

16 − 3 = ☐   17 − 0 = ☐

16 − 4 = ☐   18 − 2 = ☐

16 − 5 = ☐   18 − 6 = ☐

17 − 1 = ☐   19 − 8 = ☐

17 − 6 = ☐   19 − 4 = ☐

68~69쪽

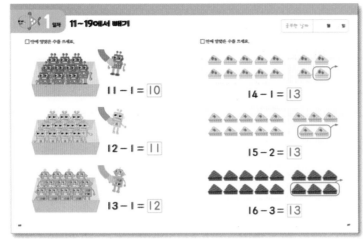

$11 - 1 = \boxed{10}$

$12 - 1 = \boxed{11}$

$13 - 1 = \boxed{12}$

$14 - 1 = \boxed{13}$

$15 - 2 = \boxed{13}$

$16 - 3 = \boxed{13}$

70~71쪽

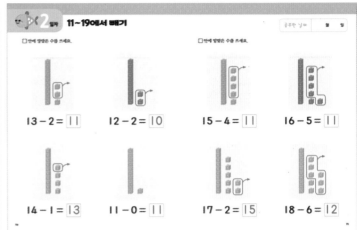

$13 - 2 = \boxed{11}$

$12 - 2 = \boxed{10}$

$15 - 4 = \boxed{11}$

$16 - 5 = \boxed{11}$

$14 - 1 = \boxed{13}$

$11 - 0 = \boxed{11}$

$17 - 2 = \boxed{15}$

$18 - 6 = \boxed{12}$

72~73쪽

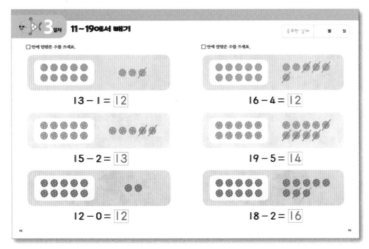

$13 - 1 = \boxed{12}$

$16 - 4 = \boxed{12}$

$15 - 2 = \boxed{13}$

$19 - 5 = \boxed{14}$

$12 - 0 = \boxed{12}$

$18 - 2 = \boxed{16}$

74~75쪽

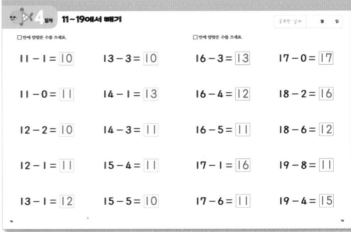

$11 - 1 = \boxed{10}$ $13 - 3 = \boxed{10}$ $16 - 3 = \boxed{13}$ $17 - 0 = \boxed{17}$

$11 - 0 = \boxed{11}$ $14 - 1 = \boxed{13}$ $16 - 4 = \boxed{12}$ $18 - 2 = \boxed{16}$

$12 - 2 = \boxed{10}$ $14 - 3 = \boxed{11}$ $16 - 5 = \boxed{11}$ $18 - 6 = \boxed{12}$

$12 - 1 = \boxed{11}$ $15 - 4 = \boxed{11}$ $17 - 1 = \boxed{16}$ $19 - 8 = \boxed{11}$

$13 - 1 = \boxed{12}$ $15 - 5 = \boxed{10}$ $17 - 6 = \boxed{11}$ $19 - 4 = \boxed{15}$

32 단계

11~19 이내의
더하기와 빼기

이렇게 지도하세요

11~19 이내의 더하기와 빼기를 종합하여 익힙니다. 다양한 덧셈과 뺄셈을 연습하면서 '십의 자리'와 '일의 자리'에 대한 개념을 익히고, 이후에 배우게 될 더 큰 수의 덧셈과 뺄셈의 기초를 다집니다.

• 11~19 이내의 덧셈하기

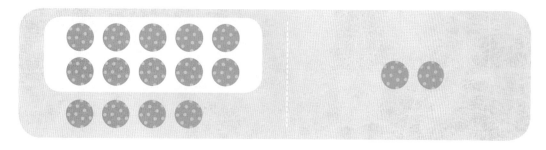

$$14 + 2 = \boxed{16}$$

• 11~19 이내의 뺄셈하기

$$15 - 2 = \boxed{13}$$

11~19 이내의 더하기와 빼기

□ 안에 알맞은 수를 쓰세요.

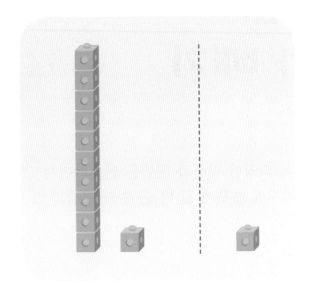

$11 + 1 = \boxed{12}$

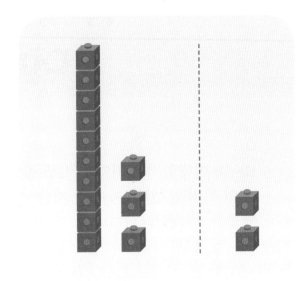

$13 + 2 = \boxed{}$

$12 + 0 = \boxed{}$

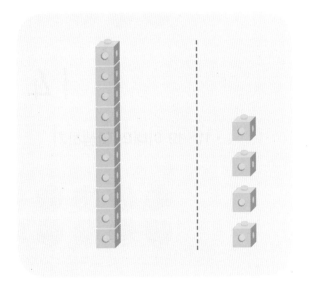

$10 + 4 = \boxed{}$

□ 안에 알맞은 수를 쓰세요.

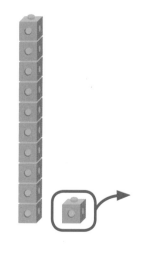

$11 - 1 =$ □

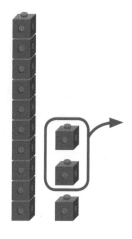

$13 - 2 =$ □

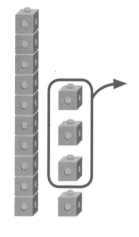

$14 - 3 =$ □

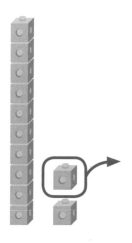

$12 - 1 =$ □

11~19 이내의 더하기와 빼기

□ 안에 알맞은 수를 쓰세요.

$$14 + 2 = \boxed{16}$$

$$15 + 3 = \boxed{}$$

$$15 + 4 = \boxed{}$$

□ 안에 알맞은 수를 쓰세요.

15 − 2 = □

17 − 5 = □

19 − 4 = □

☐ 안에 알맞은 수를 쓰세요.

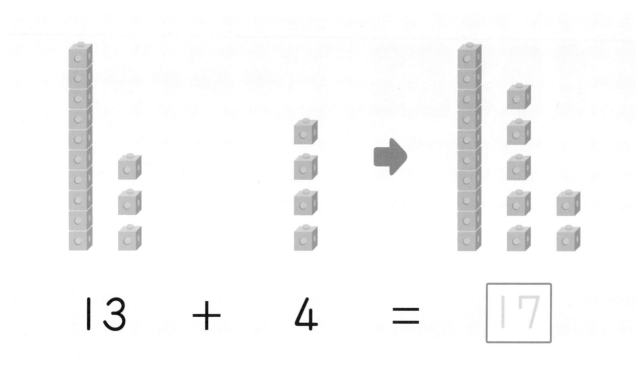

13 + 4 = 17

12 + 5 = ☐

13 + 6 = ☐

11 + 3 = ☐

10 + 8 = ☐

15 + 1 = ☐

17 + 0 = ☐

□ 안에 알맞은 수를 쓰세요.

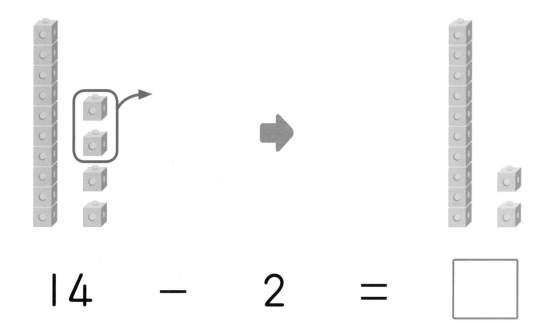

$$14 \quad - \quad 2 \quad = \quad \boxed{}$$

$16 - 1 = \boxed{}$ $17 - 5 = \boxed{}$

$19 - 4 = \boxed{}$ $12 - 2 = \boxed{}$

$11 - 0 = \boxed{}$ $19 - 7 = \boxed{}$

□ 안에 알맞은 수를 쓰세요.

13 + 3 = 16

19 + 0 = ☐

12 + 6 = ☐

10 + 8 = ☐

10 + 7 = ☐

16 + 3 = ☐

15 + 2 = ☐

11 + 5 = ☐

17 + 1 = ☐

18 + 1 = ☐

□ 안에 알맞은 수를 쓰세요.

$12 - 2 = \square$ $18 - 8 = \square$

$14 - 1 = \square$ $13 - 0 = \square$

$15 - 4 = \square$ $16 - 5 = \square$

$17 - 3 = \square$ $11 - 1 = \square$

$19 - 6 = \square$ $15 - 4 = \square$

78~79쪽

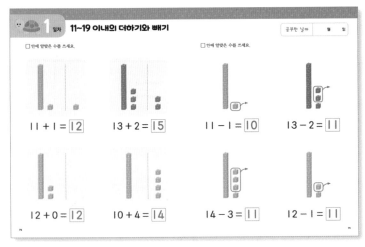

11 + 1 = 12   13 + 2 = 15   11 − 1 = 10   13 − 2 = 11

12 + 0 = 12   10 + 4 = 14   14 − 3 = 11   12 − 1 = 11

80~81쪽

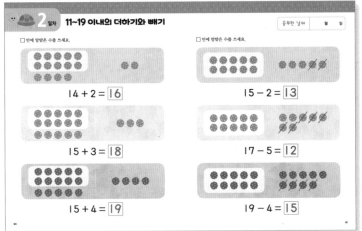

14 + 2 = 16   15 − 2 = 13

15 + 3 = 18   17 − 5 = 12

15 + 4 = 19   19 − 4 = 15

82~83쪽

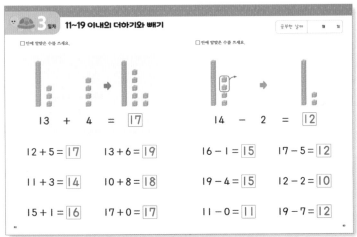

13 + 4 = 17   14 − 2 = 12

12 + 5 = 17   13 + 6 = 19   16 − 1 = 15   17 − 5 = 12

11 + 3 = 14   10 + 8 = 18   19 − 4 = 15   12 − 2 = 10

15 + 1 = 16   17 + 0 = 17   11 − 0 = 11   19 − 7 = 12

84~85쪽

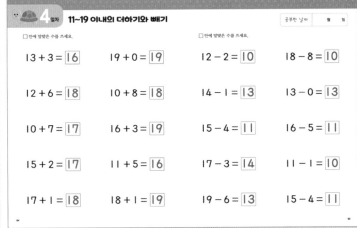

13 + 3 = 16   19 + 0 = 19   12 − 2 = 10   18 − 8 = 10

12 + 6 = 18   10 + 8 = 18   14 − 1 = 13   13 − 0 = 13

10 + 7 = 17   16 + 3 = 19   15 − 4 = 11   16 − 5 = 11

15 + 2 = 17   11 + 5 = 16   17 − 3 = 14   11 − 1 = 10

17 + 1 = 18   18 + 1 = 19   19 − 6 = 13   15 − 4 = 11

25~32단계
실력 테스트

열심히 공부했나요?
나의 계산 실력을 테스트해 보세요.

실력 테스트

월 일

점

각 문항당 10점

□ 안에 알맞은 수를 쓰세요.

❶ $3 + 5 =$ ☐

❷ $3 - 1 =$ ☐

❸ $9 - 2 =$ ☐

❹ $4 + 3 =$ ☐

❺ $2 + 5 =$ ☐

❻ $7 - 1 =$ ☐

❼ $6 - 3 =$ ☐

❽ $2 + 4 =$ ☐

❾ $1 + 7 =$ ☐

❿ $5 - 2 =$ ☐

26단계

실력 테스트

모두 몇 개인지 세어 ☐ 안에 알맞은 수를 쓰세요.

❶

☐

❷

☐

❸

☐

❹

☐

❺

☐

❻

☐

❼

☐

❽

☐

❾

☐

❿

☐

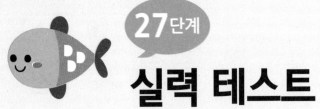

□ 안에 알맞은 수를 쓰세요.

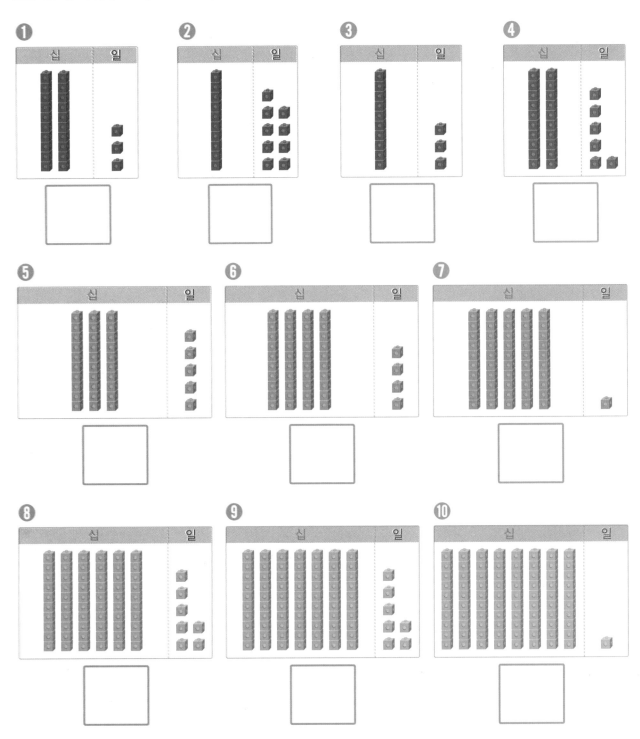

각 문항당 10점

□ 안에 알맞은 수를 쓰세요.

❶ 23 — 24 — [ ]

❷ 41 — [ ] — 43

❸ [ ] — 58 — 59

❹ 12 — [ ] — 14

❺ 60 — 61 — [ ]

❻ [ ] — 55 — 56

❼ 77 — [ ] — 79

❽ [ ] — 80 — 81

❾ 89 — 90 — [ ]

❿ 68 — 69 — [ ]

실력 테스트

월   일

점

각 문항당 10점

두 수의 크기를 비교하여 >, <를 쓰세요.

① 17 ◯ 11

② 31 ◯ 51

③ 43 ◯ 27

④ 62 ◯ 59

⑤ 88 ◯ 74

⑥ 91 ◯ 96

⑦ 37 ◯ 55

⑧ 78 ◯ 47

⑨ 59 ◯ 15

⑩ 89 ◯ 99

各 문항당 10점

□ 안에 알맞은 수를 쓰세요.

① 12 + 5 = ☐

② 14 + 3 = ☐

③ 15 + 1 = ☐

④ 17 + 2 = ☐

⑤ 11 + 4 = ☐

⑥ 10 + 6 = ☐

⑦ 12 + 2 = ☐

⑧ 12 + 0 = ☐

⑨ 16 + 1 = ☐

⑩ 10 + 9 = ☐

실력 테스트

월   일

점

각 문항당 10점

□ 안에 알맞은 수를 쓰세요.

① $14 - 3 = \boxed{}$ ② $11 - 1 = \boxed{}$

③ $15 - 2 = \boxed{}$ ④ $18 - 5 = \boxed{}$

⑤ $13 - 3 = \boxed{}$ ⑥ $16 - 4 = \boxed{}$

⑦ $17 - 5 = \boxed{}$ ⑧ $19 - 6 = \boxed{}$

⑨ $18 - 3 = \boxed{}$ ⑩ $15 - 4 = \boxed{}$

실력 테스트

□ 안에 알맞은 수를 쓰세요.

❶ 13 − 2 = ☐

❷ 15 + 1 = ☐

❸ 11 + 7 = ☐

❹ 14 − 2 = ☐

❺ 18 − 5 = ☐

❻ 16 + 2 = ☐

❼ 12 + 6 = ☐

❽ 17 − 3 = ☐

❾ 14 − 4 = ☐

❿ 18 + 1 = ☐

25단계 88쪽

25단계 실력 테스트

□ 안에 알맞은 수를 쓰세요.

3 + 5 = 8 3 - 1 = 2

9 - 2 = 7 4 + 3 = 7

2 + 5 = 7 7 - 1 = 6

6 - 3 = 3 2 + 4 = 6

1 + 7 = 8 5 - 2 = 3

26단계 89쪽

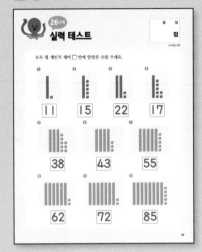

26단계 실력 테스트

모두 몇 개인지 세어 □ 안에 알맞은 수를 쓰세요.

11 15 22 17

38 43 55

62 72 85

27단계 90쪽

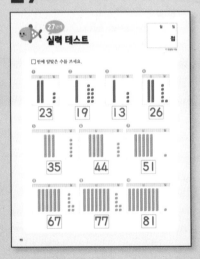

27단계 실력 테스트

□ 안에 알맞은 수를 쓰세요.

23 19 13 26

35 44 51

67 77 81

28단계 91쪽

28단계 실력 테스트

□ 안에 알맞은 수를 쓰세요.

23 24 25   41 42 43

57 58 59   12 13 14

60 61 62   54 55 56

77 78 79   79 80 81

89 90 91   68 69 70

29단계 92쪽

29단계 실력 테스트

두 수의 크기를 비교하여 >, <를 쓰세요.

17 > 11   31 < 51

43 > 27   62 > 59

88 > 74   91 < 96

37 < 55   78 > 47

59 > 15   89 < 99

30단계 93쪽

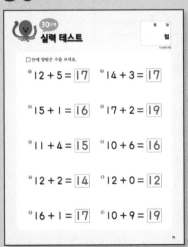

30단계 실력 테스트

□ 안에 알맞은 수를 쓰세요.

12 + 5 = 17 14 + 3 = 17

15 + 1 = 16 17 + 2 = 19

11 + 4 = 15 10 + 6 = 16

12 + 2 = 14 12 + 0 = 12

16 + 1 = 17 10 + 9 = 19

31단계 94쪽

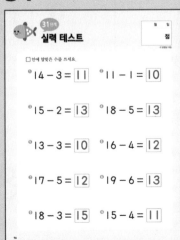

31단계 실력 테스트

□ 안에 알맞은 수를 쓰세요.

14 - 3 = 11 11 - 1 = 10

15 - 2 = 13 18 - 5 = 13

13 - 3 = 10 16 - 4 = 12

17 - 5 = 12 19 - 6 = 13

18 - 3 = 15 15 - 4 = 11

32단계 95쪽

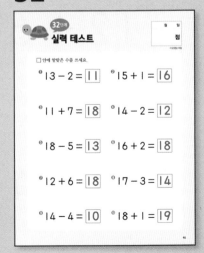

32단계 실력 테스트

□ 안에 알맞은 수를 쓰세요.

13 - 2 = 11 15 + 1 = 16

11 + 7 = 18 14 - 2 = 12

18 - 5 = 13 16 + 2 = 18

12 + 6 = 18 17 - 3 = 14

14 - 4 = 10 18 + 1 = 19